## 资深阅读推广人　怪兽叔叔

孩子是父母的心肝宝贝。教导孩子认识身边潜伏的危机，提高警觉，增强保护自己的能力，是每位家长的头等大事。可白老师这套《保护自己有绝招》共教给孩子“48招必备防身秘籍”，让小朋友学会运用智慧随机应变，化险为夷，绝对是父母的好帮手！当然这套书也需要父母陪孩子一起看，一起讨论，给予具体的指导，这样孩子才能保护自己，让父母不再担心。

## 儿童文学作家　方素珍

打开电视新闻，时常会见到孩子意外受伤、被骗受害，甚至受虐等报道，真的很让人心痛，也不禁让人怀疑：身为大人的我们，对此究竟能做些什么？很高兴看到可白的这套《保护自己有绝招》。这套书就像都市生活的小百科，引导天真可爱的孩子拥有危机意识，并学会一些自救本领，是有小孩的家庭必备的亲子防身宝典！

## 亲子教育作家 张贵勇

这套《保护自己有绝招》是一份贴心而周到的成长礼物。作者可白由于有着切身经历，拿出极大的诚意与心力调查、研究孩子成长过程中可能遇到的安全问题，因而书中无处不蕴藏着一位母亲的爱心与耐心、一位教育者的责任感与使命感。怀着保护每个孩子健康成长、每个家庭团圆幸福的初衷，作者创作了这套适合孩子阅读的安全防护图书，小到家用电器的处理、夜间出租车的乘坐原则，大到公共场所的安全隐患、校园欺凌的应对方法，各种安全问题条分缕析，几乎面面俱到，俨然是一套全方位的避险指南。

图书在版编目（CIP）数据

保护自己有绝招.①，家中安全/可白著；徐建国绘.--乌鲁木齐:新疆青少年出版社，2020.4（2020.9重印）
ISBN 978-7-5590-5927-7

Ⅰ.①保… Ⅱ.①可… ②徐… Ⅲ.①安全教育-青少年读物 Ⅳ.①X956-49

中国版本图书馆CIP数据核字(2019)第242877号

版权登记：图字29-2019-022号



**保护自己有绝招①** 家中安全　可白/著　徐建国/绘

| | | | |
|---|---|---|---|
| 出版人 | 徐　江 | 策　划 | 许国萍 |
| 责任编辑 | 许国萍　尚志慧 | 特约编辑 | 张贵勇 |
| 封面设计 | 师　岚 | 美术编辑 | 杨　斌 |
| 封面插图 | 魏　虹 | 法律顾问 | 王冠华　18699089007 |

**新疆青少年出版社**
（地址：乌鲁木齐市北京北路29号　邮编：830012）

| | | | |
|---|---|---|---|
| 印　刷 | 北京联合互通彩色印刷有限公司 | 经　销 | 全国新华书店 |
| 开　本 | 710mm×1000mm　1/16 | 印　张 | 9.75 |
| 版　次 | 2020年4月第1版 | 印　次 | 2020年9月第2次印刷 |
| 字　数 | 35千字 | 印　数 | 6 001-9 000 册 |
| 书　号 | ISBN 978-7-5590-5927-7 | 定　价 | 38.00元 |

# 保护自己有绝招①

家中安全

○可　白／著
○徐建国／绘

CHISO 新疆青少年出版社

## 出版者的话

亲爱的家长和老师：

我们知道，您爱您的孩子，您也希望他们相信，这是一个充满爱的世界。但是，我们时常会看见令人心痛的新闻：有孩子被人贩子拐走；有孩子遭遇校园霸凌；有孩子被熟悉的大人伤害；有孩子连在学校上个厕所都发生意外……除此之外，上学途中被抢、在游乐场受到伤害、独自在家时发生意外等，也是较为常见的事情。

不过仔细想一想，不难发现，这些意外其实大多是可以避免的，只要孩子们能时时保持适度的戒心。

多年前，可白老师在经历一次“孩子险些遇害”的惊恐之后，深感儿童安全教育的不足，于是花了很多时间，搜集一切有关日常生活中机智应变和有效防身的资料，并向专家一一求证，实际演练，再将它们编写成轻松有趣的生活故事——《保护自己有绝招》。故事中的小朋友都在惊险的危机中，运用绝招死里逃生，反败为胜，转危为安。孩子们看了这套书以后，能了解身边潜伏的危机，提高警惕，而不再变得畏首畏尾。相反，他们能更有信心，更勇敢地生活在这个世界上。《保护自己有绝招》将孩子在家中、校园、户外可能遇到的伤害用故事的形式一一讲述，并提供相应的解决办法；之后，针对故事提出问题，引导孩子进一步思考，既是对故事的回顾，又是对解决方案的复习。

这是一套给孩子的自救宝典，它为孩子提供了切实的自救绝招，我们会以最严肃的态度，尽最大的努力将这套书精彩呈现。

## 建议小朋友

慢慢看，看出每篇故事里暗藏的玄机，你将学到很多绝招，从此远离危险，也没有人敢轻易欺负你。

## 建议家长

陪孩子一起看，讨论每篇故事后面的“让我们想一想”栏目。因为安全教育没有百分之百标准的答案。如果能依据家庭环境，给予具体的指导，孩子将会用最适合的方式保护自己，让家长不再担心害怕。

## 建议老师

讲故事给小朋友听，或者安排他们上台演练，分享心得与自身的相关经验。这将是一门生动、精彩的安全教育课，让小朋友学会活用这些绝招，终身受用。

这虽然是一本故事书，但你最好用心读，画重点读，再把它放在书桌上，常常翻阅。

因为，也许有一天，它可以救你一命，或帮你救别人的命。

# 写在书前

请问小朋友：

和爸爸妈妈认识很久的人，就一定不是坏人吗？

一个人在家，有急事的时候，你知道该打什么电话咨询或求救吗？

万一有陌生人闯进你家，你应该先想办法逃出来，还是想办法赶他走？

有人声称自己是警察，却不肯提供证件，你能相信他吗？

油锅起火时，到底该先盖锅盖还是先关

燃气？

你知道燃气漏气的时候，为什么只能轻轻地开窗户，不能开抽油烟机或电扇吗？

家用电器都很安全，电压也不高，所以无须担心会有触电的危险，真的是这样吗？

这本书里的故事会告诉你这些问题的答案和许多应变的绝招。别忘了，看完故事，一定要看看“让我们想一想”，再和老师或父母讨论讨论！

# 目录

# 急用电话号码表

阿吉的爸爸又留在公司加班了，这个星期他几乎每天加班，都没有回家吃晚饭。

7点半，保姆宋阿姨把厨房收拾完，就回去了。院子里有大狼狗查理看家，但宋阿姨临走之前还是再三交代阿吉，要把客厅大门用钥匙锁好。

宋阿姨走后不到10分钟，有人按门铃。奇怪？查理怎么没叫呢？大概是熟人吧。

阿吉拿起对讲机，对方说是修燃气的。

阿吉没听宋阿姨提起过，于是机警地告诉他明天再来。

外面沉寂了好一会儿，这回换了一个声音：“阿吉！快开门！我是你爸爸公司的李叔叔，你爸爸叫我带人来帮忙修燃气！”

“哦！”阿吉放下对讲机，准备拿钥

匙。可是，阿吉突然记起，李叔叔盗用公司的钱，被爸爸解雇了。而且，爸爸怎么会叫李叔叔而不是宋阿姨带人来修燃气呢？

阿吉连忙打电话到公司，想问爸爸具体情况。

公司的电话打不通，爸爸的手机也转接到了语音信箱。

外面又传来“叮咚叮咚”的门铃声，阿吉有些心急，还好一眼瞥见爸爸贴在电话机旁边的急用电话号码表，找到“修燃气”那一项，打电话去查询。不料，对方说他们根本没有派人过来。

“糟了，李叔叔真是来者不善哪！”阿吉心头一惊，紧紧握住口袋里的钥匙，不知如何是好。

“叮咚叮咚！”门铃声又急促地响起。阿吉只好拿起对讲机，说：“我……我……我爸爸说明天再修。”

李叔叔焦急地说：“阿吉，快开门呀，燃气漏气可是会爆炸的。你不开，我也有钥匙，我要自己开了！”

“来了，来了。”阿吉简直没法拒绝，只好一边说“好”一边扔下对讲机，跑去看急用电话号码表。

修水电，不对！

查号台，不对！

学校教务处，不对！

儿科诊所，不对！

医院急诊处，不对！

火警，不对！

报案，对了！拨110。

阿吉刚拨通110，就听到“砰砰”两声，大概是他们翻墙进来了。

阿吉连忙把地址告诉接电话的人。值班的民警叫阿吉不要惊慌，附近的派出所马上会派人过来。

这个时候，客厅的门把手喀喀响，李叔叔一边敲门一边叫着：“阿吉，快开门哪，燃气要爆炸了。”

阿吉吓得两腿发软，不过他知道李叔叔没有钥匙，于是鼓起勇气走到门边，说：“李叔叔，请你等一等，我的钥匙掉到沙发

下面了，我去拿扫把把它拨出来。”

“快点儿啊！快点儿啊！”李叔叔还在不停地转门把手，他的声音显得不耐烦。

阿吉深深吸了一口气，让自己镇定下来，再轻声地走到橱柜旁边，拿出棒球棍，又随手把客厅、餐厅的灯都关了，把屋外的两盏门灯打开，然后躲进书房，藏在门后头。

“阿吉，开门哪！燃气要爆炸啦！”李叔叔还在撞门。阿吉在黑暗中瑟瑟发抖，不知道下一秒钟会怎么样。

还好，呜呜的警笛声由远而近，应该是警车来了，紧接着是一阵乒乒乓乓，也不知道出了什么事。

隔了一会儿，阿吉从窗户往外看，外头

有三个穿制服的警察，其中一个是社区派出所的林警员。阿吉认识，这才放心地开门出去看看情况。

李叔叔和另一个人已经不见踪影，而查理被毒死在大门边。

爸爸赶回来后，不停地感谢警察及时赶到。阿吉告诉爸爸："还好我把门锁了好几道，墙上又有急用电话号码表，要不然就死定了！"

爸爸紧紧地抱住阿吉，说："赚再多钱，也没有我儿子的平安重要，以后我再也不会把你一个人留在家里了。"

小朋友，赶快动手帮自己做一张急用电话号码表吧！

## 让我们想一想

★一个人在家，有熟人来了，真好！这个想法对不对？

★外面有坏人的时候，你应该开灯壮胆，还是把自己藏在暗处？为什么？

★有急事的时候，你知道该打什么电话咨询或求救吗？赶快完成你的急用电话号码表吧！

| 急用电话号码表（可自行增减） | | | |
|---|---|---|---|
| 我家地址 | | | |
| 我家电话 | | | |
| 爸爸公司 | | 爸爸手机 | |
| 妈妈公司 | | 妈妈手机 | |
| 火警、求救 | | 社区警局 | |
| 报案、车祸 | | 儿科诊所 | |
| 管理员 | | 燃气公司 | |
| 家人1 | | 电力公司 | |
| 家人2 | | 自来水公司 | |
| 家人3 | | 我的老师 | |
| 邻居1 | | 学生处 | |
| 邻居2 | | 教务处 | |

## 油锅起火了

暑假的最后一天，表弟表妹到家里玩。上午11点多，妈妈从办公室打来电话，交代依凡中午准备泡面给他们吃。

“你要小心，别烫到手！”妈妈说。

“知道啦！这点儿小事怎么会难倒我？”依凡放下电话，就带着表弟表妹进厨房了。

表弟打开冰箱，东翻西找，看见冷冻室里有鸡块，问依凡会不会油炸鸡块。

“当然会，我妈妈常常做炸鸡块！”依凡说完，打开燃气灶，倒了半瓶油在锅里烧热，然后一边扔冷冻鸡块下锅，一边对表弟说：“不必解冻，直接放进锅里就可以。”

“这么简单，我也会。”表弟一把抢过依凡手上的塑胶袋，也拿出鸡块往锅里扔。

可是，他的手举得高高的，鸡块下锅，热油立刻飞溅起来。表弟吓了一跳，立刻往后闪躲，“啪”的一声，整包鸡块掉进锅里，把油锅砸歪了，油泼出来，起火燃烧。一转眼，锅里锅外都冒出火舌。

“快！把锅盖盖上！妈妈都是这样处理的。”表妹连忙把放在一旁的锅盖拿来。

依凡用锅盖盖住锅，并关上燃气。锅里的火熄了，可是灶台上的油还在燃烧。

依凡连忙把表弟表妹推出厨房，转身冲进卧室，拿起床上的小被，用两个角分别包住自己的两手，高举着回到厨房，然后把小被轻轻盖在燃气灶上。果然，烈焰立刻消失了，呛鼻的浓烟随即冒出来。依凡伸手关掉

燃气总开关，又端来一盆水，把水洒在小被上。

“嘶嘶嘶嘶——”一阵阵白烟升起，火总算完全熄灭了。

“好险！好险！”表弟跑进厨房，说，“表姐，你好厉害，可以做消防队员了。对了，咱们还要不要打119？”

“打你的头啊！”依凡气得伸手打表弟。可是叫痛的不是表弟，却是自己，原来她刚才关燃气的时候，忘记拿抹布垫手，结果被开关烫伤了。不过，她也庆幸刚才拿小被灭火的时候，好好保护了双手和头部。要不然，头发和手恐怕都要遭殃了。

那天晚上，表弟被阿姨修理了一顿。依凡呢？她虽然机灵，灭了火，不过“擅自动用油锅”也是大错，所以也被妈妈批评了半个钟头，并且被罚大扫除。

## 让我们想一想

★如果仅仅是油锅起火，盖上锅盖有没有用？

★如果油洒出来，火苗到处都是，你又该怎么办？

★油锅起火时，到底该先盖锅盖还是先关燃气？想一想，原因是什么？

★你家厨房有备用的大毛巾或灭火布、灭火器等装置吗？

★大人不在的时候，小朋友为什么不可以擅自使用燃气？

## 知识补给站

### ★油锅起火时的处理步骤

- 拿起锅盖，将油锅盖住。这样的话，火苗不会伤到自己；锅内缺乏氧气，火势也就不会扩大了。

  小提醒：绝对不可以朝油锅里泼水救火！否则，油浮在水面上到处乱窜，会更加危险。

- 关闭燃气。

  小提醒：为什么要先盖锅盖，而不是先关燃气呢？原因是火势扩大起来是非常迅速的，油锅一旦起火，关闭燃气并不能立刻起到灭火的功效，隔绝空气才是阻隔火势最好的方法！这两个动作缺一不可。

- 如果还无法灭火，可以拿家中的灭火器做初步灭火。（正确使用灭火器的四步骤："拉"起插销、"瞄"准火源、"压"下握把、"扫"向火源根部喷洒。）
- 如果仍无法控制火势，要立刻通知其他家人，迅速离开现场，再打119报警，千万不要浪费时间抢救财物！

## 是谁动了门锁？

静文最讨厌星期三，因为星期三只上半天课，她得一个人在家待到傍晚。

这天又是星期三，静文回家扔下书包，照例到巷尾的自助餐店吃午餐，顺便买了一杯珍珠奶茶，打算一边做功课一边享用。

掏出钥匙开门的时候，静文突然发现，刚才明明锁好的门此时一拧把手就打开了，而且锁孔周围有撬挖的痕迹。

是不是小偷来过？静文有些疑惑。不会吧！大概是奶奶来了，奶奶老花眼，开门的时候常常拿着钥匙“挖”半天，不过还是打

不开。

静文打开门，站在门口叫了两声“奶奶，奶奶”。

没人回答，地毯前也没有奶奶的鞋子。

奶奶不可能穿鞋进屋，看来一定是遭贼了。可是……小偷进门，会把门再关好吗?

静文犹豫了好久，还是不敢进去。

她退出来，把门关上，想去巷口找物业管理员陪她进去。可是，她记起妈妈的话：“一个人在家时，不要让别人进来，即使是认识的人也一样”。

她想打电话找警察，又怕万一没有小偷，警察会骂她胡说八道，怪她恶作剧。

最后，她终于想到好方法了——找楼上

的宋妈妈，请宋妈妈陪她去找物业管理员，大家再一起进去。

五分钟后，静文带着物业管理员和宋妈妈回到家门口。物业管理员手上还握着一根大棍子。

奇怪！这回大门开着，客厅地板上有几个凌乱的脚印，妈妈的梳妆台也被翻乱了。

物业管理员立刻打电话报警，静文也打电话告诉爸爸。

爸爸叫静文和宋妈妈到门口等，以免破坏现场。

不一会儿，爸爸回来，警察也到了。警察仔细勘查现场，拍照存证，并且要爸爸清点丢失的财物。

爸爸一边清点一边说："什么东西丢了都没关系，只要我的宝贝女儿没事就好。"

警察笑着对爸爸说："你的女儿真机灵，发现门锁不对就不肯进去。要是换了别人，傻乎乎地跑进去，和小偷撞个正着，还不知道会发生什么事呢！"

静文不好意思地说："可是……我让小偷跑了。本来我想直接打电话报警，但……我又不敢确定有没有小偷。"

警察笑笑说："遇到这种情形，你可以打110，我们的巡逻警察会马上派人帮助你。要是你不敢确定就不好意思打电话，真遇上坏人就来不及了。"

"对！对！对！"爸爸说，"发现门锁

被动过，或者大门莫名其妙地开着，一定要小心，不可以稀里糊涂闯进去，凡事小心一点儿总是好的。我得赶紧换个锁，并提高警觉，不要再留我女儿一个人在家了。”

“就是嘛！”静文听了，高兴地直点头，看来她以后不必再害怕星期三了。

## 让我们想一想

★回家时发现门锁被动过，你该怎么办？

★发现家里有小偷，要是因为担心财物损失，“勇敢”地进去抓小偷，可能会发生什么事？

★警察很忙，不确定是否有小偷前，最好别打扰警察，否则可能会吃官司，这样想对不对？

★遭窃后为什么不能马上清理现场？

★为什么爸爸说要马上换锁？如果你不小心弄丢家里的钥匙，也需要这么做吗？为什么？

## 无聊电话又来了

无聊的星期天，爸爸出差，妈妈买菜去了。香凝一个人瘫坐在沙发上，不知道可以做些什么。

这个时候，电话铃响了，是班上同学妍妍打来的，说她好无聊。

“我也是啊！”香凝叫起来。

于是，两个人从“无聊”谈到过年，从班长谈到校长，叽里呱啦的，一直说到耳朵发烫为止。

香凝放下话筒，正想去倒杯水喝。

突然，电话铃又响了。

“八成又是妍妍。”香凝咕哝着，拿起话筒就说，“喂！喂！喂！你干吗？打电话不用付钱啊？”

对方“哦”了一声。

香凝一听不是妍妍，连忙说对不起，紧接着又问：“请问你找哪一位？”

“找你呀！”对方慢条斯理地回答，是个男人的声音。

香凝听不出他是谁，问他，他又不说，香凝怕“挂断电话没礼貌”，只好支支吾吾地回应着。

可是，那个人一会儿说打错电话，一会儿

又说些奇奇怪怪的话，还一直警告香凝不许挂电话，否则他要亲自来找她。

香凝吓得一句话也不敢说，握着话筒的手一直在发抖。

突然，“咔”的一声，对方把电话挂了。

香凝松了一口气，连忙去把门窗都紧紧关好。幸好这时妈妈回来了，香凝立刻向妈妈报告这件事。没想到，妈妈一副稀松平常的样子，说：“哦！无聊电话啊！不理他，挂断就是了。”

香凝气得大叫：“可是那个人说他会来找我啊！”

妈妈放下购物袋，问：“你告诉他我们家的地址了吗？”

香凝摇了摇头。

“你告诉他你爸爸妈妈不在家了吗？”

香凝又摇了摇头。

妈妈笑起来，说：“我早就知道你的警觉性很高，所以一点儿也不担心。其实，打这种无聊电话的人，多半只是想说些脏话让你生气，或者是吓吓你而已！你把电话挂断，不理他就没事了。”

香凝噘起嘴说：“我都要吓死了，怎么

还敢说话？不过，要是小偷来探路，那我不就死定了吗？”

妈妈两手一摊，说：“你不会死的。接到陌生人的电话，不要跟他多说，只要告诉他，你妈妈在厨房，不方便听，叫他留下电话号码就行了。不要糊里糊涂地回答他的问题，不要把家人的行踪都告诉他，更不要害怕他的恐吓。必要时，就看急用电话号码表，找人求救。记住了，无聊电话没什么好怕的。”

妈妈说完，走进厨房做饭去了。

香凝想了想，调皮地笑起来，拿起电话拨给妍妍，然后压低嗓门，装出男人的声音，说：“陈妍妍小朋友吗？我是校长的助理，我们有一封信要寄给你妈妈，请你把家里的地址告诉我。”

妍妍果然傻呆呆地把家庭地址说了出来，还很有礼貌地说：“我妈妈5点半左右

才回来。有事的话，请您到时候再打电话过来。”

“哦!你完蛋了！”香凝大叫起来，“校长助理怎么会不知道你家的地址？你的‘安全测试’不及格！你惨了，坏人要去你家找你啦……”

这通电话，不知道又要打多久了。

## 让我们想一想

★有陌生人打电话骂你，你该骂回去吗？为什么？

★有人打电话问你的姓名、地址和家人行踪，为什么不能随便告诉对方？

★万一打电话来的人，真的是校长助理或老师，你却挂了他的电话，那不是太没礼貌了吗？该怎么办才好？

★对付无聊电话，最好的方法是什么？

## 单身女郎如何自保

小岚的妈妈要出差了，临走前，把小岚托付给在电视台上班的翁阿姨照顾。

“我怕。”小岚对妈妈说，“翁阿姨家只有她一个人，要是来了小偷，那该怎么办？”

“不会的，”妈妈笑了笑，“翁阿姨住的那栋大楼有警卫看守，而且她还在铁窗上加装了门窗传感器，小偷恐怕不愿意惹这个麻烦。再说，翁阿姨向来谨慎，你跟她在一起，比请个保镖还安全呢！”

那天晚上，小岚跟着翁阿姨回家，一走进大门就看见一双男人的皮鞋，鞋尖朝内放在门口。

小岚紧张地拉拉翁阿姨的衣角，说：“有人来了！”

翁阿姨眨眨眼，小声说：“没有别人，这是障眼法，摆双男鞋在门口，小偷就不会知道我是单身女郎了！你看，客厅也有。”

小岚看看客厅，果然还有一件男用夹克扔在沙发椅的扶手上。

翁阿姨带小岚走进卧室，开了灯，又把书房的壁灯也打开，说：“多开几盏灯，外面的人就搞不清楚我们家到底住了几个人。要是我晚回家，也会用定时器打开客厅的小灯跟电视机。”

“万一障眼法不管用，我还有法宝呢！”翁阿姨眉毛一扬，走到床边，从枕头下拿出防狼喷雾，又到窗台上指了指拉开门杆就会叫的门窗传感器给小岚看。

“如果晚上出门，我就戴这个。”翁阿姨举起右手给小岚看。她的手腕上戴着一个手镯，上面扣着一个小哨子。

“我们同学也有哨子项链。”小岚说。

“那当然也可以。不过我觉得哨子项链比较容易被扯掉，而且真正危急的时候，也不太方便吹。”翁阿姨边说边举起右手，果然哨子就在嘴边。

小岚好奇地问：“翁阿姨，你真的吹过这个哨子吗？”

“怎么没有？”翁阿姨睁大眼睛，“有一回，一个高中生模样的人从后面抢走我手里的皮包。我哨子一吹，他竟然吓得把皮包又扔还给我。”

小岚听了，忍不住笑了出来，“那一定是个没经验的强盗。”

翁阿姨说：“是啊！那次算我运气好。不过从此以后，我晚上出门都尽量不带皮包，把东西装在口袋或贴身小包里，这样不但不容易被抢，还可以空出手来拿长柄雨伞。”

“拿雨伞做什么？”小岚问。

“当武器啊！”翁阿姨说，“我又不能随身拿刀带枪的，只好拿把长伞、硬梳子、金属发夹或圆珠笔、钥匙之类的硬东西，当作随身的‘暗器’！”

“哇！翁阿姨，你好厉害。歹徒碰上你，一定倒霉。”小岚对翁阿姨真是心服口服。

“那当然！就算我忘了带‘暗器’，我还可以用手指戳坏人的眼睛，用指甲挠坏人的喉咙，用手肘撞坏人的胸口。”翁阿姨越说越得意，比画了半天，还猛抬膝盖，说，“这招最厉害，猛抬膝盖撞他的‘那里’，保证他痛得在地上打滚。”

“哈哈哈哈哈！”小岚兴奋得拍手大笑。

突然，有人按门铃，小岚吓得躲到翁阿姨后面。

翁阿姨走到门边，从猫眼往外看，说：“哦，是隔壁的李太太。”

说完，她把防盗链插上，半开着门瞄了半天，才又关上门，把防盗链拿开，重新打开门，让李太太进来。

李太太是来借东西的。她走了以后，小岚问翁阿姨："你已经知道是她了，为什么还要插上防盗链，看老半天才肯开门？"

翁阿姨说："小心一点儿总是比较好，从猫眼里看不到其他地方，我不能确定有没有坏人在一旁胁迫她啊！"

"哇！你想得真周到。"小岚这下子更佩服得五体投地了。

那天晚上，小岚果然睡得安安稳稳，放心极了。

## 让我们想一想

★不希望让人知道你是“单身女郎”，可以运用哪些障眼法？

★晚上一个人出门，可以带些什么样的防身装备？

★大门的猫眼和防盗链有什么功用？

★除了哨子手链、哨子项链，你还知道哪些防身用品？

★只有女生晚上出门才需要防身吗？为什么？

# 他真的是警察吗？

爸爸出差，家里只剩下丽如和妈妈。晚上12点，有人敲门。

丽如紧张地跳下床，跑到妈妈身边。

妈妈把耳朵紧贴着门板，问："谁呀？"

"我是警察，你们这里是不是有人报警，说有小偷？"外头传来一个男人的声音。

"没有啊！"妈妈一边回答一边伸手就要开门，丽如却抢先一步把防盗链插上，才让妈妈把门打开。

门缝里出现一张年轻男人的脸，头发短短的，有点儿像“便衣”。

“便衣”看着手上的纸条，说：“48巷9号二楼，没错啊！不是你们报的案吗？”

妈妈摇摇头。

“便衣”转头向身后问：“是不是地址记错了？”

丽如把脸贴向门缝，看见楼梯口还站着一个人，光头，嘴里嚼着槟榔。

光头说：“打个电话回去问好了，真

是的，搞什么鬼啊！地址随便乱记。”

“便衣”听了，对妈妈笑了笑，说：“太太，对不起，厕所可不可以借用一下？刚才赶着过来，都没空上厕所呢！”

“可以，可以，最近小偷真不少啊，前几天……”妈妈说着，把门关上，拿下防盗链。

丽如连忙按住妈妈的手，小声说：“会不会是假警察？”

妈妈愣了一下，随即把防盗链又重新插上，打开门，客气地说：“对不起，麻烦您先让我看一下证件。”

“看证件干吗？警察难道会骗人吗？”楼梯口那个光头叫起来，口气不太好。

“不是这样的！只是以前没见过你

们，”妈妈赔着笑脸说，“看看证件我们比较放心！”

“便衣”皱皱眉头，不耐烦地说：“我们是刑警，专门办案，又不是查户口的，你们当然没见过。你们什么意思？对警察这么不信任？借个厕所会死啊！”

这一回，妈妈倒很坚持，硬是不开门，“不是不信任，小心一点儿总是好的！你们警察不都是这样说嘛？”

光头听了，“呸”了一声，咒骂起来：“什么玩意儿！借个厕所也要啰唆半天？走走走！让坏人捅死她们算了！哼，好心没好报！走着瞧！”骂完，他乒乒乓乓地跑下楼梯。“便衣”瞪了妈妈一眼，也跟着走了。

妈妈把门锁好，丽如连忙去查急用电话号码表，找出社区派出所的电话给妈妈，说：“我们快打电话去报案。”

妈妈打了电话。不一会儿，值班的徐警员回电，说他们向刑警队查询过了，刑警队并没有派人过去。徐警员说，警察要是在路上盘查民众或者进入民宅，都会主动出示证件；拿不出证件的多半有问题，民众可以拒

绝合作。

妈妈放下话筒，对丽如说：“你今天怎么这么机灵啊？刚才我差点儿上当呢！”

“哎哟，假警察把一个高中生都骗走了，你还不知道啊？”丽如指着桌子上的晚报给妈妈看，报纸上的大标题写着：假警察真绑票，高中生受骗遇害……

## 让我们想一想

★警察盘查民众时，一定要出示什么？光有证件就可以让警察进入民宅搜查吗？要进入民宅搜查，需要具备哪些条件？

★不肯拿出证件的警察，你能相信他吗？

★你知道怎么分辨真警察和假警察吗？真警车和假警车又有什么不同？赶快上网查查资料吧！

★你见过你的社区警察吗？社区派出所的电话是多少？

## 知识补给站

### ★如何辨识假警察

- 可以要求对方出示证件，检查上面的相片和本人是否相同；证件上有没有隶属的机关单位名称、钢印以及持证者的姓名、职务、警衔等。
- 警服上应该有警衔、警号、胸徽、臂章。证件上的警衔、警号应与此相同。
- 如果对方要求搜索、逮捕或要你到派出所、警局说明情况，可以请他出示搜查证、通知书等文件。
- 也可以拨打110，向110指挥中心查证，确认该警察是否正在执行公务。

- 警员穿制服执勤时，必须驾驶制式警车，而非一般车辆！
- 为了自己的安全，千万不要不好意思向警察和有关单位求证！

## 燃气漏气了

晚饭后，妈妈动手收拾碗盘，爸爸带着家达和哥哥进书房做功课。

大约过了一个钟头，厨房传来一阵香味。家达深深吸了一口气，说：“好香啊！明天又有卤牛肉吃了。”

哥哥听了，也抬起头闻了闻，然后闭上了眼睛，幸福地嗅了嗅鼻子。

突然，爸爸放下手里的书，站起来，

说："怎么有燃气味？"说完，他立刻冲出书房。家达和哥哥也连忙跟出来。

天哪！好浓的燃气味。只见妈妈斜倒在厨房门口，挣扎着想要站起来；炉子上的火已经熄灭了，燃气正嘶嘶嘶嘶地叫着，不停地漏出来。

"爸，开抽油烟机。"家达边说边冲进

厨房。

爸爸大叫："不行！你们快进浴室，用湿毛巾捂住口鼻，再来扶妈妈出去。"

家达和哥哥连忙照着爸爸的话，将毛巾打湿捂在脸上，再递一条湿毛巾给爸爸，又合力把妈妈拖到阳台上。

这个时候，爸爸已经关上燃气阀门，打开了所有的窗户，并拨打120叫救护车了。

阳台上有新鲜的空气。爸爸让妈妈平躺，抬高她的下巴，接着脱下自己的衬衫，对着妈妈的脸猛扇。

妈妈软绵绵地躺着，打了好几个哈欠，不久眼睛才慢慢地睁开了。

"大概……大概是卤牛肉的火开得太

大，汤流出来……浇熄了炉火。”妈妈有气无力，一个字一个字地说。

看见妈妈清醒过来了，家达松了一口气，这才发现自己也有些头昏眼花，太阳穴噗噗噗地跳个不停。于是，“砰”的一声，家达坐倒在地上。

“你怎么了？不舒服吗？”爸爸问。

家达笑了笑，伸出舌头，扮了个“死相”。哥哥见了，把脸凑过来，嘟起两片嘴唇，说：“要不要口对口人工呼吸？来！我帮你！”

“恶心，恶心！”家达连忙捂住嘴，躲到爸爸后头。

爸爸笑着把家达拉出来，说：“别闹

了，我问你，刚才要是打开抽油烟机，会怎么样，你知道吗？”

家达一脸疑惑，看着爸爸，没有回答。

“说不定会产生火花，引起燃气爆炸，让我们变成无壳蜗牛。”爸爸说。

哥哥笑着说：“那时候要‘壳’也没有用，因为我们都被烧成木炭了。”

“哎呀，怎么办？厨房的电灯还没有关！”家达突然紧张地叫起来。

“你不会举一反三吗？”爸爸敲了家达一下，说，“不管是打开电器还是关掉电器，拔插头还是插插头，都有可能产生火花。所以燃气漏气的时候，只能关燃气开关，打开所有的门窗，赶快逃出来，千万别碰任何电器开关。还有，开窗户的时候动作要轻，如果太急，也容易产生火花！”

家达瞪大眼睛直点头，心想：“还好爸爸在家，要不然我们就惨了！”

## 让我们想一想

★燃气漏气时，将抽油烟机打开，漏出来的燃气才能赶快散出去，这样的说法对不对？

★出现燃气漏气时，可以开灯查看吗？为什么？

★发现燃气漏气，你该如何保护自己？

★燃气漏气，在导致一氧化碳中毒前，会有什么样的征兆或感觉？

★如果你身边有人一氧化碳中毒，你该怎么协助处理？

## 知识补给站

★使用燃气的注意事项

- 外出、就寝之前，甚至平时使用完毕后，最好养成关闭燃气开关的好习惯。
- 热水器应安装在室外通风良好处，以免排气不畅，引起中毒。
- 使用燃气炉烹煮食物时，要小心避免汤汁溢出将火焰浇熄，还要留意火焰是否被风吹灭。
- 燃气橡皮管不宜超过2米，要经常检查。如果有龟裂破损，应立即换新。

★检查燃气是否漏气的方法

- 在没有使用燃气的状况下，检查燃气表的末位数字，出现转动的情形，就表示燃气漏气了！或者将肥皂水涂在橡皮管或接头上，如果有漏气的情形，就会产生气泡。

- 仔细听，如果有莫名细微的嘶嘶声，也可能是燃气漏气的征兆，应做进一步的检查。
- 怀疑燃气漏气时，绝对不可以点火，也不可以打开电灯、抽油烟机或任何电器开关。拨打电话报修时，要远离漏气房间！
- 世界上大多数的国家，燃气都是无色无味的；只有少数国家添加刺鼻味道来提醒人们燃气外泄。为了预防一氧化碳中毒，最好家家户户都安装燃气报警器（家用一氧化碳报警器）。

## 怎样拿剪刀

圣诞节快到了，街上的店家都播放着应景的乐曲，一棵棵挂满吊饰的圣诞树闪烁着彩色的灯光。阿勇和弟弟一路走，一路享受着欢乐的圣诞气氛。他们一进家门，就看见桌子上摆着一个大纸箱。

妈妈正在厨房切水果，笑吟吟地探出头来，说："小姨从国外寄了礼物给你们！快，先去洗手吃水果，吃完就来拆礼物！"

"万岁！我去拿剪刀！"阿勇有些等不

及了，他扔下书包，冲进房间。弟弟也连忙甩掉鞋子，迫不及待地跟进去。

“等等，别跑啊，别跑！”妈妈大声叮咛着。

弟弟动作比较慢，跑进房间的时候，阿勇正好拿了剪刀要出来，两人撞在一起，剪刀被碰到地上。

“妈，你看弟弟！”阿勇生气地大吼大叫，弟弟却

捂着右手大拇指惨叫。妈妈连忙过来探视，还好只刮掉一小块皮。

这个时候，奶奶从房间里出来，问清楚是怎么回事后，一脸不高兴地责怪妈妈没有看管好小孩，还说："你忘了五婶婆家发生的事了？"

"什么事？"阿勇插嘴。

奶奶一边转身拿急救包帮弟弟擦药一边说："五婶婆家的阿为，原本有个小他3岁的妹妹，可是读三年级的时候出意外死了，是被阿为不小心用刀刺死的。"

"哥哥刺死妹妹？怎么可能？"阿勇叫起来。

"怎么不可能？"奶奶说，"那天他们

家来了好多客人，一大堆小孩在客厅跑来跑去。五婶婆出去买了个大西瓜回来，阿为见了，立刻屁颠颠地跑进厨房拿水果刀。阿为拿刀跑出来的时候，他妹妹正好冲进去，两个人猛力一撞，那把刀就不偏不倚地刺进他妹妹的心脏。”

“后来呢？”弟弟屏着气息问。

奶奶摇摇头说：“当场就不行了。五婶婆哭得死去活来，阿为惊吓过度，从此一看见尖刀就脸色发白，到现在20年了，还是这个样子！”

“好可怕！”阿勇倒抽了一口冷气，说，“我以后再也不要碰刀了。”

“那也不行啊！”妈妈说，“刀子、刀

片、剪刀都是常用的工具，不可能一辈子都不碰。只是拿这些危险的东西，要有安全的方法。”

“我知道要怎么拿。”弟弟把地板上的剪刀拾起来，说，“轻轻握住剪刀前端，握柄朝下，这样就不会刺到别人了。”

“还有，不能放在胸前。”阿勇过去把弟弟的手推到身体右侧，说，“要不然，一摔跤就会刺到自己。”

“阿勇！”妈妈叫起来，“别人手上拿危险物品的时候，一定不能碰他，也不能和他开玩笑。弟弟，剪刀给我。”弟弟走过来，小心翼翼地把剪刀放平，将握柄部分交到妈妈手上。

奶奶看了，笑起来，说：“哎哟，你还懂得不少！刚才怎么会碰伤呢？”

弟弟噘起嘴说：“我怎么知道哥哥会从房间跑出来！”

“是啊！谁叫他要来撞我？”阿勇说。

“再辩？再辩？”妈妈有些不高兴了，

“所有的意外都发生在一瞬间，我早就说过，屋子里太挤，不可以怎样？”

阿勇和弟弟互看了一眼，一起扮着鬼脸，拉长了声音说：“不可以跑。”

“好了，好了，你们两个也真是的。走走走！拆礼物，拆礼物！”奶奶说着，大家一起快乐地走向客厅。

## 让我们想一想

★在屋子里跑来跑去，可能发生什么危险？

★你会正确地把剪刀递给别人吗？拿给妈妈看看。

★大家都知道拿剪刀、刀片是很危险的，拿的时候一定要小心，为什么还是常常出事？

小提醒：危险工具没有“绝对安全”的拿法，唯一的解决办法就是小心、小心、再小心！

## 谁呀？是我！

下午2点钟，火红的太阳高挂在天空，整条巷子静悄悄的，只听见空调嗡嗡响。巧欣躺在床上踢腿，心想：放暑假真无聊，天天被逼着睡午觉。

突然，“叮咚”一声，门铃响了。巧欣立刻坐起来，大声问：“谁呀？”

“是我，开门哪！”一个年轻男人顺口回答。

会这么回答的，一定是熟人。巧欣虽然

没有听出来是谁，却兴奋得跳起来，冲出去开门。

不料，门一开，却看见一张陌生的面孔。这是个高中生模样的人，手上提着一串卫生纸。

那个人大跨步进来，说：“小妹妹，买串卫生纸吧！”

巧欣不知道该怎么回答，连忙把妈妈叫了出来。

那个人看见妈妈，就走上前，说：“阿姨啊！我在半工半读，给您送卫生纸。”

妈妈眉头一皱，说：“我们家不缺卫生纸，你到别的地方去卖吧！”

那个人听了，把卫生纸往地上一放，

说："阿姨啊，不要这样嘛！帮帮我这个穷学生！这年头工作不好找呢！"

他一边说一边把双手抱在胸前，手指头按得直响。

巧欣看见那人的手臂上刺了好多怪里怪气的图案，

还有一个歪七扭八的“恨”字，不觉害怕起来，一步步缩到妈妈的背后。她感觉妈妈好像也很害怕。

僵持了好一会儿，妈妈说：“好啦！好啦！我买一串，多少钱？”

“只要100块钱，阿姨。”那个人伸出一根手指头。

“你去外面等，我找找看家里还有没有100块钱。”妈妈走到门边，把大门推开。

“不要嘛！阿姨，外面好热。”那个人不但不肯出去，还一直往客厅走。

“那我去隔壁借好了。”妈妈说完，就拉着巧欣快步走出大门。

那个人见了，也只好提着卫生纸跟了出

来。妈妈见他出来，就站住，板着脸，说：“你在这里等，我才给你钱。”

那个人刚犹豫了一秒钟，妈妈就飞快地把巧欣推回去，同时，转身“砰”的一声把门关上。

妈妈从包里拿出100块钱，从门缝里递了出去。

那个人接过钱，又猛按门铃，叫着：“阿姨，你的卫生纸没拿。”

妈妈隔着门回答：“不必了，我们家还有很多，你自己留着吧！”

门外静悄悄的，半天没有声响。妈妈从门缝往外张望了半天，确定他走了，才松了一口气，然后进客厅给楼上的张妈妈和对面

的朱婆婆打电话，叫她们小心，不要随便开门，又打电话向社区派出所报案。

陈警员说："我们会马上派人去附近巡逻。不过，就算我们看到他，也不能抓他，因为他只是卖卫生纸，并没做什么坏事。你们自己一定要小心，不要随便开门才是最重要的。"

巧欣问妈妈："你为什么付了钱不拿卫生纸？"

"你还敢问？"妈妈生气地说，"也不弄清楚是谁就开门。'是我''是我'，大家都'是我'，怎么这么好骗？一提卫生纸顶多20块，他要卖100块，摆明就是来要钱的，能把他赶出去算我们走运，你还敢再开门拿卫生纸？”

巧欣知道自己险些“引狼入室”，不敢再啰唆，只好低下头，乖乖回屋，躺在床上睡午觉。

## ❓ 让我们想一想

★有人按门铃时，你是不是都问清楚了是谁才开门？你要怎么确定他真的是那个人？

★如果你一个人在家，问清楚是谁就可以开门了吗？为什么？

★随便让推销员进门，会有什么危险？

★万一有陌生人闯进你家，你应该先想办法逃出去，还是先赶他走？

## 糟糕！烫伤了！

星期天早上，妈妈出去办事，临走前吩咐巧吟中午泡泡面给弟弟、妹妹吃。

“吃泡面？万岁！万岁！”弟弟、妹妹同声欢呼。

中午12点，巧吟刚煮好开水，弟弟和妹妹就已经把调味包撕开，倒进碗里，坐在一旁“摩拳擦掌”，等着大快朵颐了。

巧吟往碗里倒开水的时候，电话铃声忽然响起。

“我去接！”弟弟、妹妹一起叫着冲过去抢电话。弟弟不小心撞到椅子，椅子倒向巧吟，巧吟吓了一跳，手上的水壶一歪，热水“哗——”地洒了出来。

巧吟马上惨叫，弟弟“紧急刹车”，转身扶椅子。可是，已经来不及了，冒着蒸气的热水洒了一地，巧吟的左脚被热水烫得红通通的。

弟弟连忙去拿抹布擦地，妹妹也放下话筒跑过来。

“是谁的电话？”巧吟一边问一边抬起左脚看伤势。脚背红红的，好像不太严重。

“打错电话啦！”妹妹说，“姐，你的脚怎么样？”

巧吟摇摇头说没什么，但发红的部位却开始隐隐作痛，没一会儿就越来越痛了。

妹妹看了，立刻跑到厨房拿酱油，说要

帮巧吟涂。

巧吟一把推开妹妹，说：“涂酱油？你想痛死我啊？网络上，有人说烫伤了要涂牙膏或沙拉油。”

“姐，你不要误信谣言，”弟弟扔下抹布大叫，“昨天我们老师才教了我们烧烫伤的处理方法。快！快去浴室冲冷水。”说完，弟弟把巧吟拖进浴室，用冷水冲她烫伤的左脚。

果然，疼痛立刻减轻许多。

过了5分钟，巧吟把脚移开，但不到一分钟就又痛起来，她只好再回去冲。

“你们老师说要冲多久的冷水？”巧吟问弟弟。

弟弟一脸权威地回答："冲到不痛为止。我们老师说皮肤发红或起水泡，属于一度到二度烧伤。这个时候，什么东西都不可以乱涂，只要一直冲水或泡水就行了。但只可以用冷水冲，不可以用冰块敷，用冰块敷容易冻伤，红肿发痒，那就更糟糕了。"

"三度烧伤呢？"妹妹问。

"三度烧伤是很严重的，皮肤会焦黑或脱落。这种时候建议先用干净的冷水冲泡，避免更严重的热伤害，然后找一块干净的毛巾把受伤的部位盖起来，赶快送医。在送医途中，继续用干净的冷水冲。要记住哦，黏在皮肤上的衣物不能强行撕除，这样才不会造成更大的伤害！"

“那四度、五度烧伤呢？”妹妹瞪大眼睛问。

“五度？”弟弟笑着说，“五度烧伤会发出香味，该涂烤肉酱啦！”

巧吟听了也忍不住笑起来，但马上又狠狠瞪弟弟一眼，说：“是啊！你有知识，先把我烫死再来急救。”

“姐姐，对不起，我不是故意的！”弟弟不好意思地哀求起来。

巧吟冲了半个多钟头冷水，确定不痛了，拿来一块干净的纱布，把发红的部位用布小心翼翼地盖上。弟弟的老师说过，烫伤时，只要没起水泡，不弄破皮，过几天自然就会好的。

这个时候，妹妹说：“姐姐，我肚子饿了，可不可以吃泡面？”

“不行！”巧吟坚定地说，“以后妈妈不在家，我们就吃面包夹香肠！”

## ❓ 让我们想一想

★烧烫伤的紧急处理五步骤是："冲、脱、泡、盖、送"。请想一想，它们分别是什么意思？

★烧烫伤如何分级？不同程度的烧烫伤，处理方式有什么不同？

★处理严重烧烫伤患者的衣服，为什么要剪开，而不是脱掉？剪开的时候，要注意什么？

## 知识补给站

### ★烧烫伤的急救步骤

大家说起“冲、脱、泡、盖、送”五字诀时朗朗上口，可是你真的知道这五个字代表什么意思吗？一起来复习一下吧！

- 冲：立刻将受伤的部位在干净且流动的冷水下轻轻冲15分钟到30分钟，借此迅速降低皮肤表面的温度。

小提醒：不能直接用冰块冰敷，否则容易造成冻伤。此外，水流量也不能太强，否则会把表皮冲破！

- 脱：如果伤口有衣物覆盖，请在冷水中小心脱掉衣物。如果衣物没办法移除，可以在水中用剪刀把衣物剪开，并暂时保留黏住的部分，避免将表皮不小心撕下来。

- 泡：继续浸泡在冷水中约30分钟，这样可以去除余热，并减轻伤口的疼痛。

小提醒：如果烧烫伤的面积很大或程度严重，要赶快送医，这样才不会延误治疗时机。

- 盖：送医前，用干净的布覆盖在伤口上，避免感染。

小提醒：千万不要听信偏方，在伤口上涂抹药膏、牙膏、酱油、来路不明的草药等！

- 送：尽快送医治疗。除了轻度的烧烫伤可以自行处理之外，如果不幸被烧烫伤，最好还是送往邻近的医院做进一步的治疗。

## 一定不可能吗？

星期六下午，小薰接到一个电话，是四年级同班同学铃芬打来的。铃芬说她妈妈去外地出差，她好无聊，叫小薰去她家陪她住两天。

小薰向来喜欢和死党一起过夜，因为她们可以关起房门翻照片、看收藏的宝贝，还可以躲在被窝里叽叽喳喳的，一直聊到三更半夜。

可是这次，她有些犹豫，因为铃芬说她

家里没有大人。

“要是半夜有小偷进来，我们怎么办？”小薰问。

“哎呀，不会的！我们把门锁好就行了，我一个人在家的时候就这样。”铃芬说，“只是我小舅可能会来，上次我妈妈不在，我小舅就带了好多同学来弹吉他、唱歌、喝啤酒，很好玩的！”

小薰有些心动，就去问妈妈。

妈妈反问小薰：“你觉得呢？”

小薰说：“有铃芬的小舅在，就不怕小偷了。”

妈妈问：“你见过她小舅吗？”

小薰摇摇头说：“我只看过照片，她小

舅还在读大学。”

妈妈说：“那你不就等于跟一大堆陌生人在同一个屋子里过夜？我看哪，有她小舅在，比光是你们两个人在家更不安全。”

小薰不以为然地噘起嘴说：“他是铃芬的小舅，不会对我们怎么样的。”

“你那么确定吗？”坐在沙发上看新闻的爸爸抬起头，指着手机叫小薰看。

小薰接过手机，小声地念道：“根据统计资料显示，孩童受到的性骚扰有八成以上来自熟人，而这些熟人包括邻居、亲戚、同学、送货员、校车司机，甚至家人和学校里的老师。因为是熟人，所以受害者多半不敢声张，以致性骚扰事件一再发生。”

“哎哟！好可怕，怎么会这样？”小薰捂着胸口。

“当然啦！”爸爸说，“你们这些小女生就是那么笨，还以为晚上不出门，走路不落单就安全了。其实啊！真正的危机就潜伏在你四周，所以你对每一个人都应该保持适度的警戒心才行。”

小薰顽皮地瞄了爸爸一眼，说：“看来所有的男人都可能是色狼哦！”

爸爸用手指敲了敲小薰的脑袋瓜，说：“别乱想！我的意思是说，如果毫无警觉心，一百个熟人中只要有一个是坏人，你就要吃大亏了。”

妈妈接着说：“爸爸的意思并不是要你

怀疑所有的人，只是要你知道，很多事情并不是一定不可能发生的，所以你要时时给自己留后路。譬如说：一个人在家的时候，不要让别人进来借电话，就算是警察也一样；男老师要你到他的小办公室，你要找两个同学陪你，若是个别谈话辅导，尽可能不要关门；表叔或舅舅如果要带你一个人骑车出去玩，你一定要先问问妈妈……”

“我知道了。”小薰打断妈妈的话，“我回电话给铃芬，告诉她我不去了。不过，如果她愿意，她可以来我们家过夜，这样总可以了吧！”

“嗯，聪明！”爸爸赞赏地点点头，“你总算懂得保护自己了。”

## 让我们想一想

★妈妈说："我看哪，有她小舅在，比光是你们两个人在家更不安全。"妈妈为什么会这样说？

★有调查数据显示，孩童受到的性骚扰多半来自熟人，这是不是表示熟人比陌生人可怕？如果不是，那表示什么？

★如果你是坏人，你可以用什么方法很快和小孩变成熟人？想一想，大家一起演练一下。

★你知道怎样保持适度的戒心，但不变得疑神疑鬼吗？举例说给父母或老师听。

# 地震避难袋

姑姑所在的城市地震频发。这次来，她展示了一张海岸公路在地震中裂开的照片，看得小薇直吐舌头。

姑姑说："其实，地震能释放地壳板块挤压产生的能量，我们那的人早就习惯了，要是有很长一段时间没有地震，那才叫人担心呢！"

小薇故意斜眼瞄着表哥，说："什么？我以后再也不敢去你们那里了。"

表哥“哼”了一声，说：“你们这里才可怕呢，楼房都盖得那么高，哪一天大地震，小心你们全都被活埋。”

“才怪！”小薇大叫起来，“你们那的大理石台灯会先把你砸死。”

表哥“哈”了一声，说：“我告诉你，我们家的电视、冰箱、台灯、衣橱全都有安全装置，用绳子、钉子固定得安安稳稳的，怎么震都不会倒。倒是你们家呀，你看，到处都是危机。”

表哥一边说一边指着钢琴上的玻璃大娃娃、衣橱顶上的炖锅、风扇和那个摆在门边高高的书架，同时抱着头躲来躲去，装出被砸的惨状，逗得大家都笑起来。

爸爸走过去摇了摇书架，顺手把几本厚厚的大书换到了底层。

表哥接着四下看了看，问小薇："你们家怎么没有地震避难袋呢？"

"避难袋？干吗用的？"小薇问。

"就是一个背包，里面装一些饮用水、干粮、手电筒、收音机、绳子、手套、哨子、胶布、打火机和急救药品等，还要把你的血型和身份证明放在里面，最好再放一些现金。”表哥像背书一样地说。

“笑死人了！你去哪里都背这个大背包吗？”小薇的不以为然全写在脸上。

姑姑听了，笑着说：“没有那么严重！只是我们那里地震频繁，所以很多人家里都准备了这种背包，万一发生强震被困，里面的东西真的可以救命！”

这时候，爸爸转身问妈妈：“我们家的存折、印章、证件和房产证那些东西，你有没有收在一起？”妈妈笑着说：“上回你怕火灾抢救不及时，早就整理好放在银行保管箱了。怎么？你又怕地震了？”

爸爸点点头说：“那有什么办法？还不是为你们着想！”

100

“你们看！”小薇忽然指着摇晃的吊灯叫起来。这时候，大家也都感觉到一阵天摇地动。

表哥连忙拉着小薇，往客厅那张厚实的木桌底下钻。姑姑也把妈妈推离玻璃窗边，一边躲到客厅的大柱子旁一边说：“小心点儿！碎玻璃飞出来，比刀子还锋利呢！”

“哎呀！我的炉子上还炖着鸡汤！”地震一停，妈妈便冲进厨房关燃气，姑姑也跟着进去，还好没有什么事。

姑姑说：“上回我们那发生大地震，好多地方停电，有一户人家没有事先检查燃气是否泄露就点蜡烛，结果发生爆炸，炸死两个人，烧掉三栋房子。”

“表哥，我们要不要逃出去？”小薇害怕得直发抖。

“不必啦！地震很少超过一分钟的，到处乱跑，反而容易被掉下来的东西砸伤。在大多数情况下，就地找掩蔽是最安全的做法。”表哥说完，拉着小薇坐回餐桌。小薇看见爸爸正把椅垫顶在头上，目不转睛地盯

着头上的吊灯。

“哇！说地震，地震就来，看样子我们不准备个避难袋是不行的。来来来！小薇，去搬张椅子，我要把衣橱上那些东西搬下来，待会儿再把这些可能倒下来的家具固定好。”爸爸说完，扔下椅垫站起来。

表哥一边抢着搬椅子一边叫：“对！心动不如行动，下一次大地震要震你们这喽！”

小薇气呼呼地抢椅子，叫道：“才怪！才怪！地震都是你这张乌鸦嘴带来的！”

## 让我们想一想

★你家有没有准备地震避难袋？里面要放哪些东西？

★地震时，为什么要远离玻璃窗？

★请检查看看，如果发生大地震，你家什么东西可能会掉下来，砸到你的头？快想办法把它们固定好，或移到安全的地方吧！

★在高楼遇到地震时，应该怎么做？为什么？

★地震后为什么常有火灾发生？

## 知识补给站

★地震发生时的保命原则

- 杜绝其他危险发生：请立刻关闭身旁的火源和燃气开关，避免发生火灾。
- 畅通逃生路线：如果可以，应快速将门打开，以免门受挤压变形，导致无法逃生。
- 不贸然往外跑：研究显示，许多伤害发生在疏散时，被掉落物砸伤所致。所以，遇到地震时，一定要保持冷静，不要胡乱逃窜！如果非逃不可，也一定要记得，千万不可以搭乘电梯！
- 就地掩蔽：地震发生时，应放低身体，躲到坚固的家具下面，直到地震结束，再判断是否要到室外空旷的地方避难。如果找不到坚固的掩蔽物，可以躲到建筑物的角落，身体蜷曲，用双手保护头部。当然，如果能顺手取得柔软的东西护住头部，那就更好啦！

- 如果人在市区的户外，应尽量远离加油站、玻璃墙、橱窗建筑物、电线杆等，到空旷的地方避难。

- 如果人在郊外，应尽量远离山坡、崖边，避免坍塌或被落石击中；此外，要避免靠近海边、港口，以防海啸发生。

## 救命啊！我被虐待了！

正宇很高兴，因为他们搬到漂亮的大楼里，他也有自己的房间了。

可是，这栋大楼好奇怪，每天深夜都会传出凄厉的哭叫声，这让正宇听得心里发毛。问妈妈，妈妈却叫他少管闲事。

是闹鬼吗？正宇满心狐疑，于是和姐姐一起去问大楼管理员赵伯伯。

赵伯伯摇摇头说：“是四楼李家的小女儿，她爸爸每天晚上都喝得醉醺醺的，一回

来就打她。”

“她没有妈妈吗？”正宇问。

“早就跑掉了！”赵伯伯说，“李先生爱喝酒，回来以后就敲桌子砸椅子，把妻子吓跑了。可是，妻子跑了以后，李先生就拿孩子出气。可怜那个小女孩，才上小学三年级，不但没人照顾，还常常被打得青一块紫一块的。有一回，她爸爸竟然拿

着菜刀追她，吓得她躲到我这里来。”

“世界上怎么会有这种爸爸呢？”正宇简直不敢相信。

“那有什么办法？”赵伯伯说，“上个星期，那个小女孩的老师来找李先生，结果被李先生大吼大叫地轰出去，李先生还直骂那个老师干涉他管小孩。反正啊，他们家的家务事，外人恐怕管不了！”

“谁说的？”姐姐突然睁大眼睛说，“我们老师说，如果发现儿童受虐，可以拨打12338专线，他们会提供帮助。”

“真的？我们赶快打电话。”赵伯伯立刻走进管理室。

电话很快就接通了，对方的声音传来：

“您好，欢迎拨打妇女服务热线。”

赵伯伯便详细地讲述了李家小孩受虐的情形，还把李先生的地址、电话和小孩的名字、就读学校等一并告诉对方。

挂电话前，赵伯伯问：“你们会怎样帮助这种小孩？”

对方说他们会先派人了解情况，必要的时候，先给小孩安排一个紧急庇护场所，再通过志愿者与小孩的父母沟通，协助他们改善；不得已时，他们会向法院提出申请，中止不称职父母的监护权，帮助小孩找一个“新家”。

赵伯伯打完电话，担心地说：“希望他们能妥善处理，别把李先生搞火了，把女儿打得更厉害才是。”

“那当然喽，”姐姐用肯定的语气说，“他们是专家，设立这个专线的目的就是保护民众！要是碰上其他的家庭暴力、性侵害案件，也都可以拨打这个电话呢！”

赵伯伯耸耸肩膀，说：“但愿如此。”

回到家里，正宇疑惑地问姐姐："你为什么对这个电话号码印象这么深刻？"

姐姐瞪了正宇一眼，说："你管我！"

正宇“哦”了一声，说：“我知道了。上个礼拜，你数学考得不好，妈妈打你手心，你就觉得自己被虐待了，是不是？好啊！我这就去告诉妈妈，叫她真的虐待你，把你吊起来狠狠打。哈哈！”

“你敢？”姐姐凶巴巴地尖叫起来，伸手要掐正宇。吓得正宇赶紧逃回房间，一边哀号大叫：“12338,12338，救命啊！我被虐待了！”

## 让我们想一想

★父母怎样对待你才算是“虐待”？如果真的遭受虐待，你可以如何求救？

★你知道各地政府部门怎样帮助被虐待的小孩吗？说说看。

小提醒：我国妇女维权公益服务热线的电话是12338。在全国范围内，用手机或座机拨打“区号+12338”即可。如果发现疑似受虐儿童，请记得伸出援手进行通报！

## “电”在一起，永远不分开

“小鹏，过来——”妈妈拖长了声音叫，一听就知道准没好事。

小鹏放下鼠标走出房间，看见妈妈正弯着腰，盯着鱼缸指指点点。

“我知道，我知道，我现在就把死鱼捞出来。”小鹏一边说一边动手挽衣袖。

这个时候，读职高的二哥开门进来，看见小鹏把手伸进鱼缸，一个箭步上前，拔掉鱼缸电热器的插头，凶巴巴地骂：

“你找死啊？”

小鹏被骂得莫名其妙，翻起白眼瞪二哥，顶嘴说：“我没死，死的是鱼。”

“鱼先死，等一下就换你死了。”二哥说，“今天我们电工老师告诉我们，曾经有人在清洗鱼缸的时候被电死，这是真实发生的事情呢！”

“哎哟！好可怕！”妈妈听了，连忙

过去把小鹏的手从鱼缸里拉出来，带出一大摊水，弄得一地湿漉漉的。

“哈哈哈……”二哥捧着肚子大笑，又指着妈妈说，“现在你可能也一起死了。”

“呸！呸！呸！胡说八道！”妈妈气得眉毛都竖起来了，抡起拳头要捶二哥。

“妈，我才没有胡说八道呢！”二哥一边闪躲一边一本正经地说，“要是小弟触电了，你第一件该做的事就是切断电源。要不然，他就会被一直电，直到被电死。如果找不到电源开关，你应该站在板凳上，或者其他干燥的绝缘物品上，用木棍把他推离电源。要是像你刚才那样伸手去拉，你们两个一定会被‘电’在一起，永远不分开。”

小鹏听了，也忍不住笑起来。

妈妈退后两步，指着鱼缸，说：“还笑？我早就说养鱼不好，你们不听。现在我决定了，明天就把它搬去送给楼下的王伯伯，他……”

“不要啦！”小鹏和二哥齐声大叫。二

哥把手泡进鱼缸里，说："妈，你看！插头拔掉就不会电人了。而且，就算没拔掉，也要电线破皮漏电了，才会电到人的！"

"我不管，"妈妈拼命摇着头，"有没有漏电又看不出来，难道你要小鹏天天摸摸看吗？"

"拜托，我的老妈呀！你把全家的电器都送人算了。"二哥又好气又好笑地说，"你们这些没学过电工的人就是这么土。告诉你，像洗衣机、烘碗机这类常常碰到水的电器，外壳多半都接了地线，以确保安全。因为接了地线以后，一漏电就会'秀斗'，等不到你触电！"

"哎哟！那你快去看看咱们家的洗衣机

有没有接地线？”妈妈紧张兮兮地说。

“我早就检查过，都接好了！”二哥说，“你们不要随便搬动，也不要用水去冲洗外壳就行了。”

“二哥，我们的鱼缸怎么没有接地线？”小鹏还是不敢去碰鱼缸。

“在水里接一根地线当然也行。”二哥说，“不过，万一哪天漏电，鱼缸‘秀斗’，你的泰国鲫鱼就变成红烧鲫鱼了！我告诉你，鱼缸是用来看的，不是玩的，所以，每回伸手整理前，记得把插头拔掉，这才是万全之计。”

“什么是‘秀斗’？”小鹏歪着头问。

“就是‘短路’！‘男生电’和‘女生

电’打架，同归于尽，就会‘秀斗’！”二哥说着，拾起地上的电热器插头去碰小鹏的脸。小鹏吓得尖叫起来，妈妈却在一旁大笑，直骂他们兄弟俩“秀斗”。

## 让我们想一想

★伸手清理鱼缸以前，要注意什么事？

★还有哪些情况可能导致触电？

★如果有人触电，你首先应该做什么？

★没有办法切断电源时，该怎么救助触电的人？

★“地线”有什么用？

## 知识补给站

### ★预防触电守则大公开

- 不可以将手指或金属物品放进插座内，不可以站在潮湿的地方或用潮湿的手接触电器，包括各种开关、插头、插座，更不能坐在浴缸里吹头发！
- 定期检查家中的电器设备，如果发现电线的外皮老旧有裂痕，应该赶快换新。
- 平常拔掉电器的插头时，应该用手握住插头取下，不可以用力拉扯电线。
- 养成好习惯，使用完电器就把插头拔掉。如果没有安装安全插座，最好加装安全护盖。

### ★触电的急救原则

- 立刻关闭电源总开关，或者将插头拔掉。
- 如果没办法切断电源，不可以用手直接接触触电的人。可以站在干燥的绝缘物体上，用扫把或木椅等绝缘物，将触电者推离电源。
- 万一身边没有绝缘物体，可以抓住触电者宽松干燥的衣服，用力让他远离电源。
- 尽快将触电者送医，并尽可能提供触电的时间长短、来源等信息给救援人员。

## “毒品”大搬家

快放暑假了，妈妈问珍珍和琪琪今年还要不要去乡下外婆家住几天。

“我不去！”琪琪立刻回答，“外婆家蚊子好多。”

“可以点蚊香！”妈妈说。

“外婆都用杀虫剂。”珍珍皱起鼻子，“有一次，我还在厕所里，她就一直喷一直喷。我跟外婆说，杀虫剂喷得空气里、马桶上和洗脸池都是，会害我中毒。外婆说我真

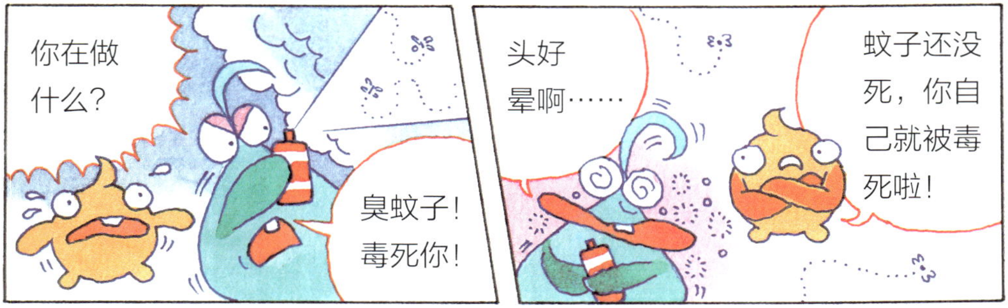

啰唆，就拿来浴室清洁剂再喷一次，把杀虫剂洗掉。”

“清洁剂就没有毒吗？”爸爸听了，笑着问。

“至少比杀虫剂好。”妈妈狠狠地白了爸爸一眼。

“才怪！”爸爸说，“浴室清洁剂多半

含有强酸或强碱，最具腐蚀性，像盐酸、硫酸这些东西，要是碰到眼睛，会伤害眼角膜；沾染皮肤不马上洗掉，会起水泡，或者得‘富贵手’；不小心喝下去呀，保证你一肚子‘畅通’，残毒还会渗透皮肤，到血管去麻痹中枢神经，或留在肝脏慢慢毒你。我叫你少用清洁剂，你都不听，自以为爱干净，其实越洗越脏。”

“我现在已经尽量少用，也换成成分比较天然的产品了，而且每次都用水冲好几遍，你还不满意呀？”妈妈说。

“你也是，”爸爸把炮口转向琪琪，“叫你不要用修正液和记号笔，房间里不要摆空气清新剂，你不听。哼！不知道吸进去多少甲苯、二甲苯、乙醇和其他溶剂。等以后慢性中毒、得癌症或生下畸形儿，就后悔莫及啦！”

琪琪听了，害怕得哭起来：“妈，我会不会死翘翘？”

“不会啦！”珍珍安慰琪琪，“要连续用很多年才会死。你不想早死的话，从现在开始不要用就行了！”

爸爸看吓着了琪琪，连忙赔笑脸，说：“对！对！对！不会马上死，要喝下清洁剂才会马上死。”

“那也不一定。”妈妈说，“喝一大堆强酸、强碱会马上死，其他的只会喉咙痛、恶心、呕吐，立刻送到医院急救的话，就不会死了。”

“哎哟！你懂的还真不少！”爸爸不服气地叫起来。

“那当然。”妈妈说，“昨天早上，李太太家的宝宝不小心吃了摆在浴室的清洁剂，是我帮忙送去医院进行紧急处理的。”

珍珍说：“我去过李妈妈家，他们家的清洁剂都随手摆在地上，大罐小罐地倒来倒去，有的还用饮料瓶装，看起来像果汁，难怪宝宝会喝。”

“对对对！”爸爸说，“绝对不能随便更换清洁剂的容器，这样会弄不清楚什么是什么。”

“妈，外婆家的厕所和厨房也有好多饮

料瓶，装的是什么我也不知道。”琪琪说。

“哎哟！这太危险了。”妈妈惊叫起来，“装的是什么，恐怕连外婆自己都搞不清楚了。”

“下次去外婆家，小心她倒饮料瓶里的清洁剂给你喝！”爸爸又开始危言耸听了。

“不要怕！琪琪。”珍珍教琪琪，“外婆倒汽水给你喝的时候，你先闻一闻，再用舌头舔一舔，确定

不是清洁剂了，再喝！”

妈妈听了，忍不住笑起来，说：“你这鬼丫头点子真多。不过，有些清洁剂闻起来和果汁差不多，还真是难分辨呢！我得叫外婆马上把那些瓶瓶罐罐扔掉，以后别这样‘毒品大搬家’才行。”说完，立刻拿起手机给外婆打电话。

## 让我们想一想

★杀虫剂有毒，清洁剂呢？清洁剂用多了，会怎样？

★修正液和清新剂有没有毒？吸进它们的溶剂有什么后果？

★误食清洁剂要怎么急救？

★为什么不能用别的瓶子装清洁剂？

★清洁剂、杀虫剂的毒还可以预防，但许多装东西的食器其实都含有塑化剂，对人体危害也很大。你知道要如何远离塑化剂吗？

## 知识补给站

### ★误服药物或清洁剂时的急救法则

- 千万注意，在绝大多数的情况下不可以催吐，避免造成食道二度受伤。
- 如果误服药物且患者意识清醒，可以先服用开水或牛奶，再行送医。如果误服清洁剂或农药，则通常为强碱或强酸，建议不要服用任何东西，赶紧就医才是唯一正确的方法。

小提醒：最好能将中毒者吞服的物品包装或周遭的可疑容器带到医院给医生检查，帮助判断！

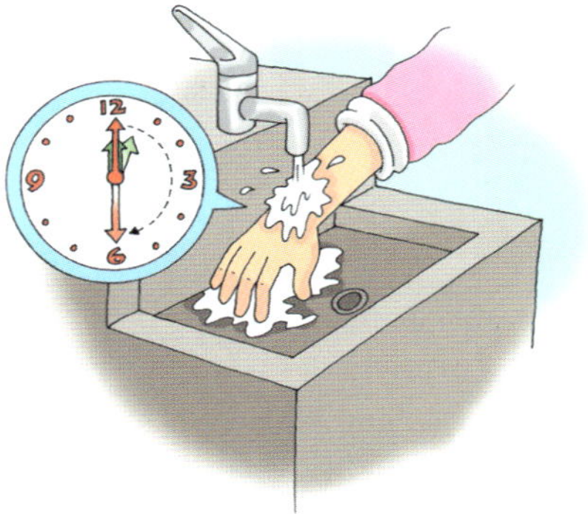


★误触强酸强碱清洁剂时的急救法则

- 用清水持续冲洗患部约30分钟。
- 如果情况比较严重或接触面积比较大，则需要立即送医治疗。

画者的话

## 看我的厉害

徐建国

《保护自己有绝招》教我可以攻击对方的要害，争取逃跑的时间。

喝
哈
喝
惨了，这个歹徒太厉害了，怎么攻击都打不倒！

**小学校长　邢小萍**

很佩服可白老师，3本书48个精彩的故事，涵盖了生活中细微的安全常识和技能。每个故事结束后，还提出几个关键问题让孩子思考：学到了什么？碰到类似状况要如何应对？有些故事还附有“知识补给站”，让孩子扩大学习的范围，真是超级实用！在现代化社会，“教孩子保护自己”不可或缺，让我们一起重视并通过故事来提升孩子的安全保护能力！由衷推荐这套《保护自己有绝招》！

**新闻主播　哈远仪**

日常生活中，难免遇见大大小小的关乎我们生命安全的问题，可是不见得每个成年人都能想出应对的好办法！《保护自己有绝招》这套书提供的绝招非常实用。不管您是小朋友还是成年人，想学习自保或教孩子防身，这套书是我心中性价比最高的安全教育教材，推荐您也来学几招！

**专栏作家　陈来红**

我同意保护孩子的最好方法是教他们如何保护自己。可又不禁迷惘，一只“小鸡”就算非常善于应对，又如何能应付得了“老鹰”呢？

这样的悲观是想提醒父母，在孩子未成年之前，什么年龄可以独处在什么环境；什么状况不适宜让体力柔弱、智慧未开的孩子单独面对。如果缺乏这样的思考，会非常危险，也是不负责任，甚至违反《未成年人保护法》的。对于还没有如此警觉的父母，本书提供了父母与子女讨论的情境，万分难得。